BEI GRIN MACHT SICH IHR WISSEN BEZAHLT

- Wir veröffentlichen Ihre Hausarbeit, Bachelor- und Masterarbeit

- Ihr eigenes eBook und Buch - weltweit in allen wichtigen Shops

- Verdienen Sie an jedem Verkauf

Jetzt bei www.GRIN.com hochladen und kostenlos publizieren

Patrick Boll

Imaginäre Geographie der Grenzziehung und Begegnung

GRIN Verlag

Bibliografische Information der Deutschen Nationalbibliothek:

Die Deutsche Bibliothek verzeichnet diese Publikation in der Deutschen National-
bibliografie; detaillierte bibliografische Daten sind im Internet über http://dnb.d-
nb.de/ abrufbar.

Impressum:

Copyright © 2010 GRIN Verlag GmbH
Druck und Bindung: Books on Demand GmbH, Norderstedt Germany
ISBN: 978-3-640-84491-3

Dieses Buch bei GRIN:

http://www.grin.com/de/e-book/167982/imaginaere-geographie-der-grenzziehung-
und-begegnung

GRIN - Your knowledge has value

Der GRIN Verlag publiziert seit 1998 wissenschaftliche Arbeiten von Studenten, Hochschullehrern und anderen Akademikern als eBook und gedrucktes Buch. Die Verlagswebsite www.grin.com ist die ideale Plattform zur Veröffentlichung von Hausarbeiten, Abschlussarbeiten, wissenschaftlichen Aufsätzen, Dissertationen und Fachbüchern.

Besuchen Sie uns im Internet:

http://www.grin.com/

http://www.facebook.com/grincom

http://www.twitter.com/grin_com

Christian-Albrechts-Universität zu Kiel

Fachbereich Geographie

Begleitseminar: Humangeographie I

Wintersemester 2010/2011

Imaginäre Geographie

der Grenzziehung und

der Begegnung

Patrick Boll (1. Semester)

Inhaltsverzeichnis

„Without a well-organized sense that these people over there were not like „us" and didn't appreciate „our" values [...] there would have been no war."

Edward Said, Preface (2003) in Orientalism

1. Einleitung

Die imaginäre Geographie, auch Perzeptionsgeographie genannt, ist ein Teilgebiet der modernen Geographie. Ihr voraus geht die „kognitive Wende". Der traditionelle objektivistische Blick der Geographie soll im Hinblick auf menschliche Handlungen keine Rolle mehr spielen. Er unterstellte, dass die von einem Einzelnen wahrgenommene geographische Realität, die einzige zulässige für alle weiteren Individuen sei (Lossau, 2003). Die Perzeptionsgeographie schlägt die Brücke zwischen Wahrnehmungsforschung und Geographie. Menschen nehmen die Außenwelt mithilfe ihrer Sinnesorgane wahr. Die dabei gewonnen Informationen werden selektiert. Da es diese Filterung von Informationen gibt, muss die Realität von Person zu Person anders wahrgenommen werde. Im Kollektiv entstehen so Images (→ Abb. 1).

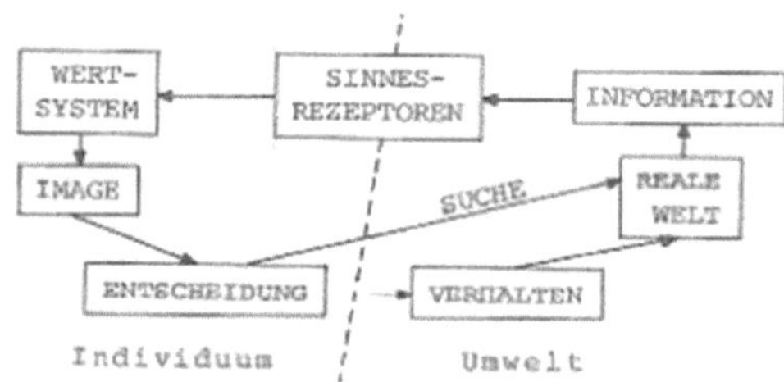

Abb. 1: konzeptionelles Schema geographischer Raumwahrnehmung (Quelle: aus Tzschaschel, 1986 nach Downs, 1970).

Dabei ist festzuhalten, dass bereits konstruierten Realitäten wiederum aufgegriffen werden, um aus ihnen erneut eine Realität zu konstruieren. Dies schafft eine Vorstellung davon, inwieweit die objektive Realität, sollte diese überhaupt existieren, verzogen und verdreht wird im Laufe der Zeit (Tzschaschel, 1986). Ein Hinweis auf diese kollektiven Schnittmengen findet sich im alltäglichen Leben. Seien es nun Spielfilme, Zeitungsartikel, politische Reden oder Feste. Es gibt Dinge die von uns beispielsweise als „typisch" chinesisch, griechisch oder italienisch empfunden werden. Diese Arbeit behandelt die Möglichkeiten der Perzeptionsgeographie und konkrete Beispiele um den Sachverhalt zu verdeutlichen.

2. Perzeptionsgeographie

Sinn und Zweck der Perzeptionsgeographie, ist das Untersuchen der Abweichung zwischen subjektiver Wahrnehmung und der realen objektiven Situation. Menschen nehmen Räume subjektiv anders wahr, als sie in Wirklichkeit beschaffen sind. Gegenstand der Untersuchung sind Mentalmaps, die Wahrnehmung von Distanzen und Objekten, Disparitäten oder die Hazardforschung (Werlen, 2008). Dabei kann man unterschiedliche Dimensionen dieses Teilgebietes der Geographie betrachten. Sei es die Vorstellung von der Neuen Welt während der Renaissance, Touristen im Schwarzwald oder aktuelle Politik. Dieses Kapitel befasst sich mit den Hypothesen der Perzeptionsgeographie.

2.1 Mentalmaps

Mentalmaps können als eine Art Test verstanden werden. Versuchspersonen werden dazu aufgefordert aus ihrem Gedächtnis heraus Karten anzufertigen, sei es von einer Stadt, einzelnen Ländern oder der ganzen Welt. Dabei entstehen meist stark verzogene Karten, welche den subjektiven Charakter der Wahrnehmung widerspiegeln sollen (→ Abb. 2).

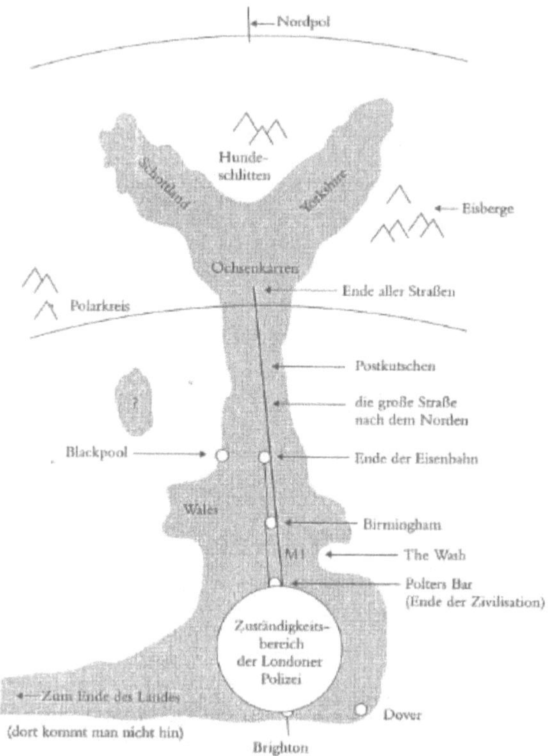

Abb. 2: Londoner Vorstellung über die Beschaffenheit Großbritanniens (Quelle: aus Werlen, 2008 nach Downs/Stea, 1983, 29).

Probleme dieser Methode sind mehrere Faktoren. Diese Form des Tests überprüft gleichzeitig die Fähigkeit einer Person eine Karte überhaupt anzufertigen. Des Weiteren kann man nicht genau sagen, inwieweit sich eine Person überhaupt mit der eigenen räumlichen Umgebung auseinander setzt. Man kann also von einzelnen Mentalmaps keinesfalls auf Gesetzmäßigkeiten schließen (Werlen, 2008). Durch die Verzerrung wird jedoch die subjektive Komponente bei der Wahrnehmung von geographischen Realitäten deutlich.

2.2 Distanzforschung

Die Distanzforschung hingegen, bietet andere Erkenntnisse. Auffallend ist, dass die Schätzung spezifischer Distanzen mit dem Wertesystem einer Person variiert. Als positiv empfundene Räume, werden in der Regel als näher eingeschätzt als sie in Wirklichkeit sind. Im Umkehrfall verfällt es sich genau so, als negativ empfundene Räume werden als weiter entfernt empfunden als sie in der Realität sind. In europäischen Großstädten, werden die Stadtkerne meist als etwas Positives empfunden. Dementsprechend unterschätzen die Anwohner die Distanz zu diesem. Genau umgekehrt ist es in vielen nordamerikanischen Städten. Dort wird der Stadtkern negativ empfunden und die Menschen empfinden ihn als weiter entfernt als er eigentlich ist. Der Stadtkern fungiert in der Terminologie als Stimulus. Weitere Faktoren der Distanzwahrnehmung sind die Vertrautheit mit der Umgebung und auch die Infrastruktur. Stark gewundene Straßen und ständige Richtungsänderungen wirken sich auf die Distanzwahrnehmung von Menschen aus. Der Grad der Vertrautheit mit einer Umgebung, variiert natürlich je nach Person (Werlen, 2008).

2.3 Objekte

Auch bei der Wahrnehmung von Objekten stellt die Einstellung zu diesen ein Kriterium da. Mit Objekten sind charakteristische Merkmale eines Raumes gemeint. Dies sind in der Stadtplanung beispielsweise auffällige Gebäude. Anhand dieser orientieren sich Menschen in der Umgebung. Dies spürt man, wenn man jemanden nach dem Weg fragt. Die Person wird einem neben den Richtungsänderungen der Straße oder des Weges bestimmte Objekte nennen, an denen man erkennen kann dass man auf dem richtigen Weg ist. Walther hat 1992 festgestellt, dass sich die Umwelt aus solchen Objekten zusammensetzt (Werlen, 2008). Im Kontext der Orientierung in Städten, fällt auf, dass die Wahrnehmung auch von der Art der Fortbewegung und der Intention beeinflusst wird. Als Beispiel mag eine Person dienen, welche rein zur Besorgung von Einkäufen mit dem Auto in die Stadt fährt. Es kommt zur sogenannten „highway-narcosis" wie Appleyard et al. (1964) feststellt. Damit ist gemeint, dass für diese Personen die Umwelt entlang der Straße größten Teils nicht beachtet wird. Die Person kennt die entsprechende Straße, die es entlang zu fahren gilt. Diese Informationen scheinen zu genügen um an das Ziel zu kommen.

Wie bereits erwähnt verfällt sich dies bei Fußgängern anders. Sie sind abhängiger von einzelnen Objekten, die ihnen den Weg leiten. Wird der Weg zu Fuß bewältigt, so verknüpft das Individuum Start- und Zielort mithilfe des Weges (Werlen, 2008). Doch sind Objekte auch in der Lage, gesellschaftliche Veränderungen abzubilden. Ein Beispiel dafür ist die im Jahre 2005 aufgebaute Statue der schwangeren Frau Allison Lapper. Sie leidet unter Phokomelie, eine Fehlbildung der Gliedmaßen die von Geburt an besteht. Das Aufstellen einer Statue ihr zur Ehren zeigt eine Veränderung im gesellschaftlichen Umgang mit Behinderungen (Anderson, 2010).

2.4 Andere Forschungsbereiche

Weitere Forschungsbereiche sind die Erforschung von Disparitäten und die Hazardforschung. Für beide gibt es Ansätze in der Perzeptionsgeographie. Im Falle der Disparitäten muss man sich folgenden Fragen stellen. Wodurch werden die Menschen auf ein Problem aufmerksam gemacht? Wie beeinflusst sie die Berichterstattung? Wo kommen die Berichterstatter her? Es fällt auf das Viertel mit hohem Akademikeranteil scheinbar besser darin sind, ihre Probleme zu lösen. Dies mag daran liegen, dass Journalisten und Zuständige aus den Behörden dort leben. So können Probleme besser identifiziert und gelöst werden. Arbeiterviertel haben hier einen deutlichen Nachteil. Ihre Probleme können in der Gemeinschaft schwieriger angegangen werden. Dies führt zu einer Verstärkung der Disparitäten (Werlen, 2008). Ein weiteres Forschungsgebiet findet sich in der Stadtplanung. Die Perzeptionsgeographie erforscht hier, welche kognitiven Vorgänge Auswirkungen auf die Standortwahl haben. Dazu wird das Image einer Stadt untersucht und dessen Entstehung. Die Grundlagen dieser Forschung wurden 1960 durch Lynch gelegt. Er stellt auch fest das je gleichförmiger eine Stadt ist desto schwerer fällt es den Menschen sich in ihr zu orientieren. Ist eine Stadt hingegen kontrastreich aufgebaut, so wirkt sich dies positiv auf die Orientierung aus (Werlen, 2008). Wie bereits erwähnt gibt ist zusätzlich noch die Hazardforschung. Sie versucht zu erklären, wie Menschen mit natürlichen Gefahren umgehen, beispielsweise mit Naturkatastrophen. Im Zuge einer besseren Anpassung der Schutzmaßnahmen muss ermittelt werden, wie Betroffene die Gefahren einschätzen. So kann es gelingen Fluchtmöglichkeiten beispielsweise zu optimieren oder die Bevölkerung für existierende Gefahren zu sensibilisieren (Werlen, 2008).

3. Subjektive Welten

Im dritten und letzten Kapital dieser Arbeit geht es um konkrete Beispiele aus dem Bereich der Perzeptionsgeographie. Das im zweiten Kapital beschriebene theoretische Konstrukt, kann in der Realität beobachtet werden. Sei es heute oder in einem historischen Kontext. An dieser Stelle können verschiedene Räume oder Dimensionen der Perzeptionsgeographie genannt werde. Es kann sich bei diesen Räumen um politische, landschaftliche oder gesellschaftliche Räume handeln.

3.1 Landschaften in der Renaissance

Die Vorstellung von Landschaft ist mindestens genauso imaginär wie objektiv. Als Beispiel mögen die Europäer des 16. Jahrhunderts dienen. Die meisten von ihnen haben die Orte aus ihren Vorstellungen nie besucht. Sie zogen ihre Information über die Neue Welt aus Atlanten und kosmographischen Schriften der damaligen Zeit. Kunst und Literatur taten ihr Übriges um eine romantisierte Wirklichkeit zu konstruieren, in der sich die Menschen hinein versetzen konnten. Statt einer objektiven Darstellung von harter Feldarbeit, bekam man so, paradiesische Idealvorstellungen von den fernen Landschaften. Dies führte auch zu einer kollektiven Vorstellung, dass die Menschen in der Neuen Welt in einer Art Garten Eden leben würden. Die Vorstellung der Venezianer über die Azteken Hauptstadt Tenochtitlán ist ein Beispiel dafür (→ Abb. 3). Genau wie Venedig war diese Stadt eine inselartige Stadt. Die Venezianer projizierten Eigenschaften, die sie in ihrer eigenen Lagunenstadt zu sehen glaubten, auf diese Azteken Stadt. Mit dem Unterschied, das Tenochtitlán eine Art düsterer Zwillingsbruder Venedigs sein sollte. Man glaubte dort gäbe es eine große und ertragreiche Agrarwirtschaft und die Stadt sei umgeben von einer Vulkanlandschaft. In Mitten dieser Metropole, lag die Zikkurat. Auf dieser wurden den Göttern menschliche Opfer präsentiert (Cosgrove, 2008). Tenochtitlán war so der Stoff für Abenteuergeschichten der spanischen Eroberer.

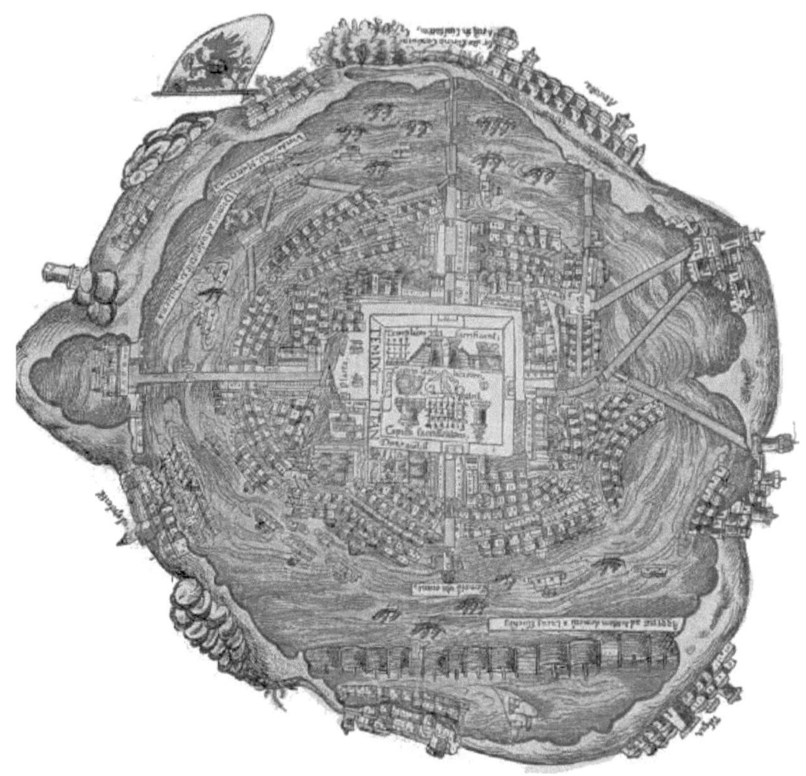

Abb. 3: Karte von Tenochtitlán (Quelle: Hernando Cortes, 1524).

Das Problem liegt dort, wo man die Lösung vermutet. Anstatt Vorurteile abzubauen, werden neue erschaffen und gefestigt. Ein anderes Beispiel für die subjektive Wahrnehmung von Landschaften kann der Nil sein. Die physikalischen Prozesse, welche für die Fluten verantwortlich sind, wurden lange Zeit mystifiziert. Man erzeugt einen Dualismus. Auf der einen Seite sorgte die Nil Flut für prächtige und ertragreiche Anbaugebiete. Sie wurde als eine Art Lebensspender gesehen. Auf der anderen Seite war der Nil „voll" von menschenfressenden Krokodilen und seine Fluten konnten zerstörerisch auf die Menschen wirken. Dies wurde erneut durch Kunst und Literatur reproduziert und nach Europa getragen.

So wurde der Nil zusammen mit dem Danube, dem Plata und dem Ganges, zu einem mystischen Strom. Man verglich sie mit den vier Lebensspendern aus dem Paradies (Cosgrove, 2008). Dabei ist festzustellen, dass das Interesse an Informationen über Landschaften so alt ist wie die Menschheit selbst. Beispielsweise ist von 1900 bis 1960 zu beobachten, dass es einen rapiden Anstieg an wissenschaftlichen Publikationen mit dem Begriff „Landschaft" im Titel gibt (Barthelt u. Glückler, 2003). Bedenkt man den heutigen Tourismus, so hat sich daran nichts verändert. Die Einnahmen lagen 2008 weltweit bei 944 Milliarden Us-Dollar (→ Abb. 4). Die Menschheit reist und konstruiert.

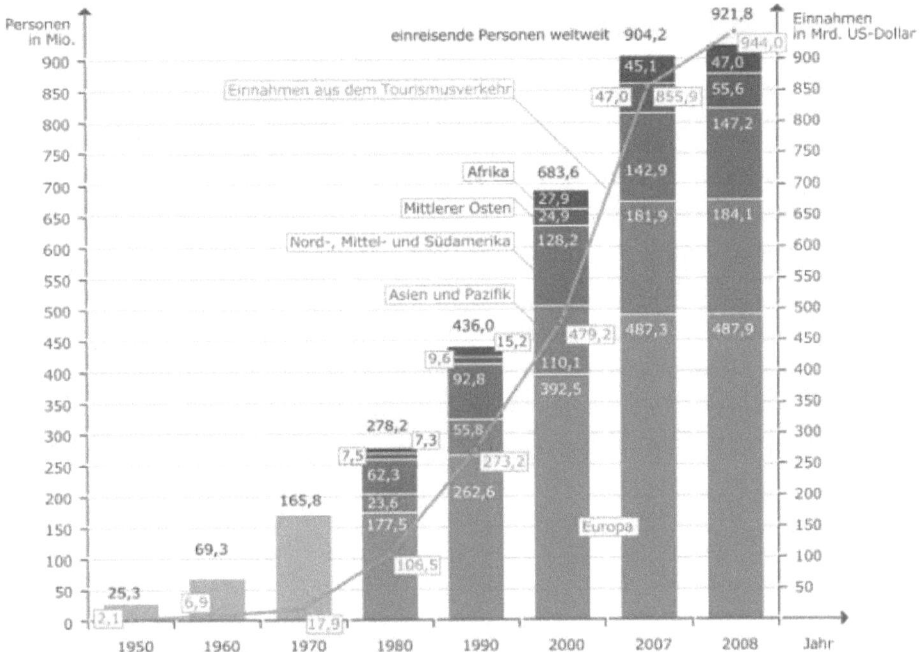

Abb. 4: Weltweite Einreisende und Einnahmen (Quelle: UNWTO: Tourism Highlights 2008 Edition, World Tourism Barometer June 2009).

3.2 Urlaub im Schwarzwald

Einen weiteren Einblick darüber, was imaginäre Geographie bedeuten kann, bietet eine Imageanalyse des Schwarzwaldes aus Sicht der Touristen. Solch eine Analyse zeigt deutlich die Bildung von Identitäten und die Entfernung von der Realität. Der Nord- und Südschwarzwald wird zu 90% als bevorzugtes Reiseziel angegeben. Man kann 50% der Besuche auf 12 Ortschaften eingrenzen. Bei den Bergnennungen wird zu 2/3 der Feldberg erwähnt (Eck, 1985). Das Image des Schwarzwaldes, ist also auf relativ wenige Einblicke beschränkt. Aus diesen wird nun ein Bild erzeugt, welches wieder mit nachhause genommen wird. Das solch eine Rekonstruktion dem Gebiet Schwarzwald nicht gerecht werden kann, ist deutlich. Ein weiterer Aspekt ist die Bewertung des Schwarzwaldes als Erholungsgebiet. Die Urlauber scheinen einen positiv gefärbten Blick auf ihren Aufenthalt zu haben (→ Abb. 5). Durchreisende dagegen bewerten die Situation neutraler. Beispielsweise empfinden die Urlauber den Schwarzwald als „besser" und gleichzeitig „günstiger", als es die Durchreisenden tun. Man könnte vermuten, die Urlauber wären länger in den Genuss der Vorzüge des Schwarzwaldes gekommen. Jedoch erklärt dies kaum, wieso sie dann, eben auch den finanziellen Aspekt, positiver bewerten. Dies mag einen wirtschaftlichen Hintergrund haben, sodass sich die Urlauber ihre „Kaufentscheidung" schön reden. Oder auch schlicht die Tatsache, dass die Schwarzwaldurlauber den Schwarzwald als Urlaubsziel gewählt haben. Sie also von vornherein positiver gestimmt sein mögen. Deutlich ist jedoch, dass das vorhandene Schwarzwaldimage eine subjektive Komponente hat und in keinem Fall eine objektive Darstellung der Sachlage ist (Eck, 1985).

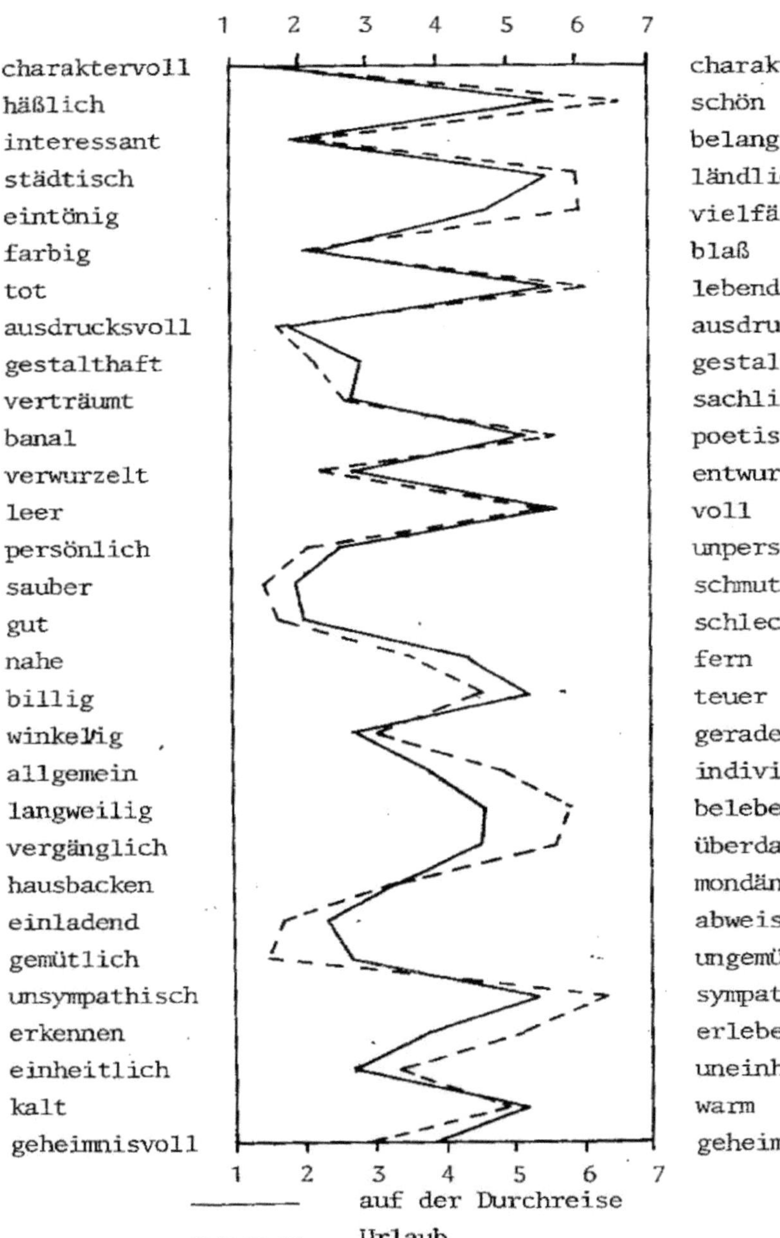

Abb. 5: Bewertung des Schwarzwaldes (Quelle: Eck, 1986).

3.3 Stammtischpolitik?

Beispiele für die Perzeptionsgeographie sind Themenparks oder Veranstaltungen, die im Zeichen eines bestimmten Festes oder eines bestimmten Landes stehen. Diese spiegeln angeblich „typische" Merkmale der „Originale" wieder. Dazu muss gesagt werden, dass es sich hierbei nur um Rekonstruktionen handeln kann. Angeblich typische Merkmale werden nachempfunden oder sogar immer wieder neu erfunden (Lossau, 2003). Denkt man an den Griechen von nebenan, so denkt man vielleicht an Gipssäulen, Fotos der Mittelmeerinseln und an die „typischen" griechischen Spezialitäten. Es muss festgestellt werden, dass diese Elemente zwar als griechisch empfunden werden, aber keines Falls ganz Griechenland widerspiegeln können. Vielmehr sind es diese Elemente, die wir Deutschen als griechisch empfinden. Was auf den ersten Blick harmlos wirkt, nimmt jedoch genauer betrachtet an Brisanz zu. Man konstruiert nicht nur ausländische Gastronomie, sondern auch Wertesysteme, Mentalitäten oder das Weltbild des Gegenübers. Dies wird von Edward Said in seinem Werk „Orientalism" kritisiert. Darin beschreibt er das imperialistisch motivierte Bild des „Orients", welches in Europa entstanden ist (→ Abb. 6).

Abb. 6: Darstellung eines schwarzen Hundemeisters (Quelle: Jean-Léon Gérôme).

Neben der scheinbar harmlosen Romantisierung „orientalischen" Gesellschaftslebens, weist er auf die politische Motivation der europäischen Akteure hin. Diese scheinen den „Orient" zu einem „Gegenüber" zu machen, den es zu europäisieren gilt. Eine wichtige Rolle dabei, spielt ein eurozentrisches Weltbild, in dem Europa als die moderne Welt empfunden wird. Said spricht damit von essentiellen Identitäten. Damit mögen Basare, Kalifen oder Harems gemeint sein. Diese mögen zwar als Identitäten vorhanden sein, jedoch können sie kaum dazu ausreichen um eine geographische Realität, eine Kultur oder eine Gesellschaft völlig zu repräsentieren. Das Unterschiede zwischen Kulturen, Gesellschaften oder Gruppen bestehen ist selbst verständlich. Es bietet sich deshalb an, in multiplen Differenzen zu denken. Es gibt Unterschiede, durch diese kann aber eine Kultur nicht völlig repräsentiert werden (Lossau, 2003). Was im Falle eines griechischen Restaurants in Deutschland, banal und harmlos wirkt, spitzt sich im politischen Kontext zu. Wenn unsere Vorstellung der Realität ein imaginär verzogenes Bild darstellt, dann stellt sich die Frage nach Rechtsprechung. Wer spricht Recht und Wahrheit? Im Falle des Orientalismus, galt es den „Orient" zu europäisieren. Europäische Politik sah sich also als höherwertiger (Said, 1977). Betrachtet man die aktuelle Diskussion um den EU-Beitritt der Türkei, so fallen drei markante Vorstellungen auf. Zum einen existiert die europäische Türkei, welche Bereit für den Beitritt wäre. Die Gegner sprechen von der islamischen Türkei, was bedeutet die Türkei sei nicht bereit für einen Beitritt. Dazu kommt noch die neoosmanische Türkei, eine Türkei, welche Europa den Rücken kehrt und eigene imperialistische Züge entwickelt (Lossau, 2003). Neben der scheinbar harmlosen Romantisierung „orientalischen" Gesellschaftslebens, weist er auf die politische Motivation der europäischen Akteure hin. Diese scheinen den „Orient" zu einem „Gegenüber" zu machen, den es zu europäisieren gilt. Eine wichtige Rolle dabei, spielt ein eurozentrisches Weltbild, in dem Europa als die moderne Welt empfunden wird. Said spricht damit von essentiellen Identitäten. Damit mögen Basare, Kalifen oder Harems gemeint sein. Diese mögen zwar als Identitäten vorhanden sein, jedoch können sie kaum dazu ausreichen um eine geographische Realität, eine Kultur oder eine Gesellschaft völlig zu repräsentieren. Das Unterschiede zwischen Kulturen, Gesellschaften oder Gruppen bestehen ist selbst verständlich. Es bietet sich deshalb an, in multiplen Differenzen zu denken. Es gibt Unterschiede, durch diese kann aber eine Kultur nicht völlig repräsentiert werden (Lossau, 2003). Was im Falle eines griechischen Restaurants in Deutschland, banal und harmlos wirkt, spitzt sich im politischen Kontext zu. Wenn unsere Vorstellung der Realität ein imaginär verzogenes Bild darstellt, dann stellt sich die Frage nach Rechtsprechung. Wer spricht Recht und Wahrheit? Im Falle des Orientalismus, galt es den „Orient" zu europäisieren. Europäische Politik sah sich also als höherwertiger (Said, 1977). Betrachtet man die aktuelle Diskussion um den EU-Beitritt der Türkei, so fallen drei markante Vorstellungen auf. Zum einen existiert die europäische Türkei, welche Bereit für den Beitritt wäre. Die Gegner sprechen von der islamischen Türkei, was bedeutet die Türkei sei nicht bereit für einen Beitritt. Dazu kommt noch die neoosmanische Türkei, eine Türkei, welche Europa den Rücken kehrt und eigene imperialistische Züge entwickelt (Lossau, 2003).

4. Zusammenfassung

Ob morgens in der Zeitung, beim Besuch eines Restaurants oder beim Lesen eines Romans. Fast überall begegnet uns die imaginäre Geographie. Selbst das Bild unserer eigenen Umgebung, sei es uns auch vertrauter als der Nahe Osten oder die Landschaften Südamerikas, ist durch kognitive Prozesse entstanden. Phänomene wie die „highway-narcosis" zeigen, dass selbst unsere Vorstellung von unserem Weg zur Arbeit oder zur Schule lückenhaft und verzerrt ist (-> Kap. 2.2 u. 2.3). Jedoch muss man sich die Frage stellen, ob dies als grundsätzlich negativ zu bewerten ist. Die Bildung von Identitäten, komprimiert Realität. Ist dies grundsätzlich schädlich für politische Beziehungen oder einfach nur für das Miteinander? Wohl kaum, denn genau diese Identitäten ziehen uns an. Sie erzeugen Interesse an anderen Ländern und Kulturen. Menschen reisen wegen ihnen, gehen wegen ihnen beispielsweise in ein griechisches Restaurant. Wichtig ist nur zu begreifen, dass eben diese Identitäten nicht essentiell sind. Die objektive geographische Realität ist völlig nicht zu begreifen. Wie auch soll ein Land, beispielsweise die USA, gänzlich „verstanden" werden? Deshalb sind Menschen in der Lage solche Identitäten überhaupt zu erzeugen. Sie dienen der Orientierung, der Einordnung und im Laufe der Geschichte dienten sie wohl der eigenen Sicherheit. Sie können auch motivieren Neues zu entdecken. Deshalb halte ich es für wichtig, dass sich Menschen dem Ursprung ihrer Existenz bewusster werden. Dadurch könnten klischeehafte Vorstellungen begriffen und abgelegt werden. Sie sollten außerdem, wie Lossau (2003) es fordert, als multiplen Differenzen begriffen werden. Unterschiede existieren, jedoch sind sie nicht ewig oder unersetzlich. Sie enden nicht exakt an Landesgrenzen. Noch weniger können sie als Allgemeingültig verstanden werden.

Konzepte wie Mentalmaps könnten beispielsweise in der Bildung verwendet werden. Sie vermögen es spielerisch den Zeichner darauf aufmerksam zu machen, was möglicherweise an seiner Einschätzung von räumlichen Realitäten nicht stimmen könnte. Zum Ende dieser Arbeit, soll aber die Brisanz nicht außen vor bleiben. Das Zitat Edward Saids spricht diese konkret an. Verzerrte Realitäten und Verallgemeinerung von Meinungen anderer, vornehmlich aus den Medien, machen es möglich kriegerische Handlungen zu legitimieren. Die kollektive Wahrnehmung mag wohl als Nährboden für politische Rhetorik dienen. Am 29. Januar 2002 in einem „State of the Union Address" sprach der ehemalige US-Präsident George W. Bush von einer „Achse des Bösen". Zu dieser „Achse des Bösen", gehören der Irak, der Iran und Nordkorea. Am 20. März 2003 begann „Operation Iraqi Freedom".

5. Literatur

<u>Monographien</u>

Anderson, Jon: Understanding cultural geography: places and traces. Routledge, London, 2010.

Barthelt, Harald u. Glückler, Johannes: Wirtschaftsgeographie 2. Auflage, UTB, Stuttgart, 2003.

Cosgrove, Denis E.: Geography and vision: seeing, imagining and representing the world. I. B. Tauris, London, 2008.

Lossau, Julia: Geographische Repräsentationen. Skizze einer anderen Geographie. In: Gebhardt, Hans; Reuber, Paul u. Wolkersdorfer, Günter (Hrsg.): Kulturgeographie. Aktuelle Ansätze und Entwicklungen. Spektrum, Heidelberg, 2003, S. 101-111.

Werlen, Benno: Sozialgeographie: eine Einführung 3. Auflage. UTB, Bern, 2008.

Said, Edward: Orientalism. Penguin, London, 1977.

<u>Zeitschriften</u>

Eck, Helmut: Image und Bewertung des Schwarzwaldes als Erholungsraum. In: Tübinger geographische Studien 92, Geographisches Institut der Universität, Tübingen, 1985.

Tzschaschel, Sabine: Geographische Forschung auf der Individualebene: Darstellung und Kritik der Mikrogeographie. In: Münchener geographische Hefte 53, Universität München, München, 1986.

<u>Abbildungsverzeichnis</u>

Abb. 1: konzeptionelles Schema geographischer Raumwahrnehmung. In: Tzschaschel, Sabine: Geographische Forschung auf der Individualebene: Darstellung und Kritik der Mikrogeographie. In: Münchener geographische Hefte 53, Universität München, München, 1986.

Abb. 2: Londoner Vorstellung über die Beschaffenheit Großbritanniens. In: Werlen, Benno: Sozialgeographie: eine Einführung 3. Auflage. UTB, Bern, 2008.

Abb. 3: Karte von Tenochtitlán. Harnando Cortes, 1524.
http://www.flickr.com/photos/58696257@N03/5382794854/

Abb. 4: Weltweite Einreisende und Einnahmen.
http://www.bpb.de/files/81SS68.pdf

Abb. 5: Bewertung des Schwarzwaldes. In: Eck, Helmut: Image und Bewertung des Schwarzwaldes als Erholungsraum. In: Tübinger geographische Studien 92, Geographisches Institut der Universität, Tübingen, 1985.

Abb. 6: Darstellung eines schwarzen Hundemeisters. Jean-Léon Gérôme. Mitte bis Ende des 19ten Jahrhunderts. http://www.flickr.com/photos/58696257@N03/5383522985/